活的家，家的表情

[日]奥山明日香 著
一文 译

吃饭睡觉居住的地方

家的故事

清华大学出版社
北京

每个对页左下角的文字，
都摘取自多木浩二《活的家》一书。
我将多木先生的文字
与我所居住的家的点点滴滴，
汇集成这本小书。

谨将此绘本献给
思想家多木浩二。

无论多么老旧的家，只要有人居住，就不会丧失张力。磨损了的门框和柱子，满是伤痕的墙壁，天花板上的污渍，这些都是存在于此刻的家中的时间形态。居住，就是在此刻将日常的一切重新组合排列。家不只是建筑物，更是活的空间，活的时间。

（摘自《什么是活的家》）

“外国人之家”

在东京，有一座老宅。

老宅有一个名字，

叫作“外国人之家”。

过去，这里住着美国人。

人们非常喜爱这座宅子，

便喊它这个名字。

家，是多重的时间叠加后的结果。
家本身便是记忆。

选自《家的记忆》

痕迹

“外国人之家”看上去非常随性自然。

墙面柔和粗糙，

一切都让人感觉亲切舒适。

人们在这里住得很开心，

墙壁上留下了许多他们生活的痕迹。

这层层叠叠的痕迹令人心安。

房间里的所有物品都被摆了出来。……房间因此诞生。

选自《倏忽一现的物品》

排列及相邻各部分之间的非逻辑性、其间的差异的戏谑，才使整体得以成立。

选自《家与无意识》

胖

起先，“外国人之家”纤瘦弱小。不过现在胖起来了——是被人们养胖的。

人们摆上置物架，钉上挂钩，挂上网兜，搭上抹布，拼起桌台，往家里添置了各种各样的物品。

平平淡淡的墙壁变得丰富而充实起来。生活变得快乐。

不过太胖了也会很辛苦，偶尔还是要减减肥的。

一时的现象

观察桌子上的变化。

这里呈现的景象总是那么柔和。

物品消失又显现，忽明又忽暗，平稳又激烈。

空间与物品的联系皆为暂时的现象，随时即可消灭。从其场所中移出，被他人拿走，作为事件发生而显现。空间在此中生成。……物品与其所属的场面全体发生关联而存在。

《倏忽一现的物品》

这里的变化如同天气。

“外国人之家”如同无言的主人，

凝视并守护着桌上呈现的物品与流淌的时间。

大大咧咧

“外国人之家”大大咧咧，

没有什么喜好或讲究。

因此容易与人相处，

每个房间都是房间主人的写照。

N 君的房间里堆满了高深难懂的书籍，

杂乱无章。

N 君大脑里恐怕也是这样的景象。

道具的表情、状态及其格局，超越了排布它们的人类的意识，自身开始成为一则充满谜团的信息。阅读家，就是阅读家人，然而家的肖像对居于其间的家人而言也是未知的。有的时候甚至也是无法得到承认的。

选自《家与无意识》

小 S 的房间可热闹了。

她性格率真，自来熟。

一会儿哭，一会儿笑，一会儿闹，

真是个忙碌的人。

D 的房间虽然不太整齐，但很沉稳。

他以大象般的节奏在生活。

我的房间里有许多柔软的东西和细碎的东西。

我也不清楚为什么会这样，

但人们都说这就是我的风格。

被称为家的物质世界的东西，依存于其物质表面的性质。也即用眼在表面游戏、将表面的触觉编织起来。……而对那些可以将身体完全交付的物体，则是凭借本能在摸索。那似乎是一种向意味仍不明确的事物上投射的目光。

《作为感觉世界的家》

脆弱

“外国人之家”脆弱而不健全，

所以大家运来各种材料，

把它修补好了。

虽然不那么美观，

很多都是粗糙的、色彩轻柔的，

甚至是光线都能透过的材料，

但是对“外国人之家”来说，这样正合适。

从物体之上来看，活着的家呈现出两个维度。其中一个维度是包裹家的宏观的世界。另一个则是凭借居住者而直接活着的微观的世界。

选自《家的爱欲》

宏观与微观，假面与迷宫

“外国人之家”从外面看很大。但是走进去以后你会忘了它的大小。

这是为什么？

其实家都是这样的。

家的假面与家中的迷宫之间的偏差是如此地不可思议。

如果没有家了，人类或许会变成散乱的存在。

选自《建造与居住》

外面与里面

第一次来“外国人之家”的时候，这里冷得我浑身都僵硬了。

就算在房子里面，也跟在外面似的寒冷。

随着住进来的人越来越多，这里开始变得暖和起来。

里面与外面不一样了。

现在，进入房子里以后会心里一暖，紧绷的神经也放松开来。

“墙”是自在的交通的切断，同时又是拒绝
或接纳的姿态显现的地带。

选自《家的境界》

窗

一开始，

总感觉这里的窗玻璃太薄，

跟纸一样，

外面的声音好近，

心里没有安全感。

然而不知不觉间，

我逐渐学会与外界直接建立起距离感。

现在，

“外国人之家”的窗户上

有了目光无法穿透的厚度，

外界也变得远了。

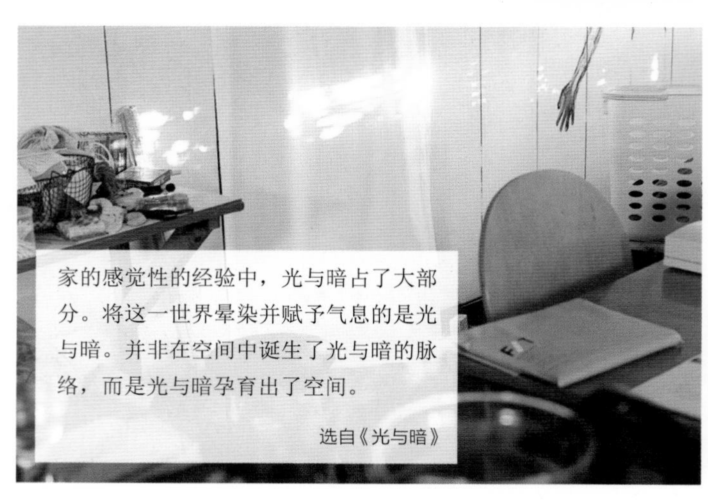

家的感觉性的经验中，光与暗占了大部分。将这一世界晕染并赋予气息的是光与暗。并非在空间中诞生了光与暗的脉络，而是光与暗孕育出了空间。

选自《光与暗》

“外国人之家”消失了

“外国人之家”慵懒地沐浴在光里。

房间里面也是如此舒适。

沉浸在这片静谧中，

“外国人之家”自身的形态仿佛已经消失了。

令空间凸显的光，与令空间下沉产生深度的暗，二者间的微妙关系可以说是空间的修辞性元素。……光所塑造的空间的修辞是沿着暗的深度和光的表面性这两条轴线构成的。

选自《光与暗》

转

“外国人之家”没有一刻是相同的。

地球在转，房间里的光也在转，色彩总是不同的。

这种安静的变化，

为心灵带来适度的平和与适度的跃动感。

暗

每当夜晚降临，

“外国人之家”就与光一起隐去了身形，

也许是睡去了。

墙壁变得透明起来，

有点恐怖。

它肯定对此一无所知。

比如，在我们对家的经验中，夜晚是家拥有极端性格的时刻。与对象的距离消失了，物体的任何表面也都不再闪耀。在黑暗中，虽然可以依稀辨认出人影，但那个人于我而言是完全封闭的，最终，我与世界处于什么样的距离也无从知晓。也就是说，任何深度都是有可能的。从黑暗当中，各种妄想也涌现出来。夜晚的房间，既可接近宇宙的尺度，又可缩小成一点。

选自《光与暗》

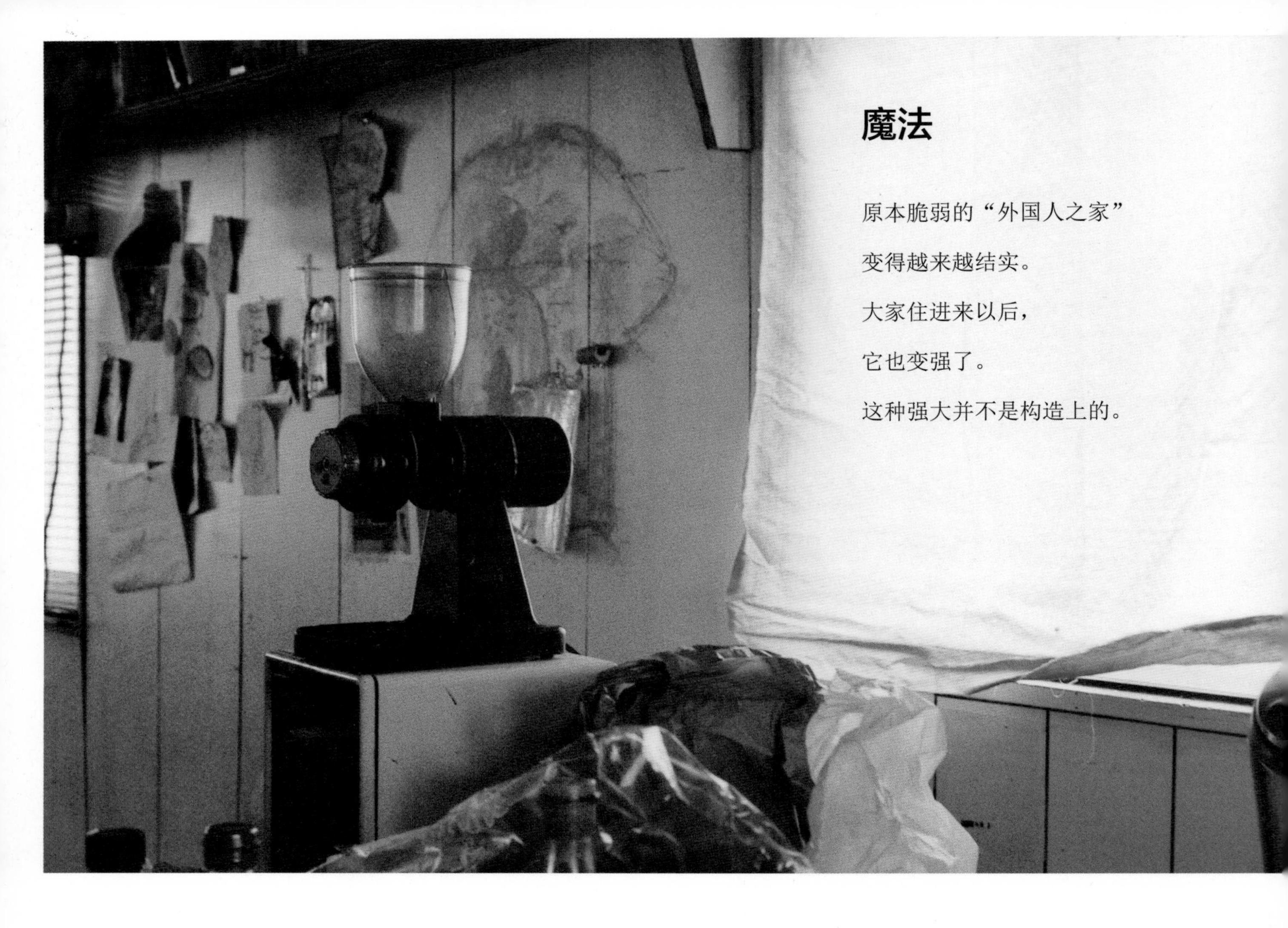

魔法

原本脆弱的“外国人之家”

变得越来越结实。

大家住进来以后，

它也变强了。

这种强大并不是构造上的。

并非物理性的秩序，而是经验得到的秩序生成并逐渐长大。支撑着整体的不是坚硬的壳，而是柔软的叫作经验的网眼。

选自《两个时间》

要是没有人住了，

它就又会变弱。

这种强大仿佛是神奇的魔法，

只要大家在，

它就不会消失。

“手让人类学会拥有广度、重量、密度和数量的方法。在此之前，手一边从无之中创造出宇宙，一边又在这个宇宙的各处留下自己的手形。手与素材斗争改变素材的容貌，与形斗争改变形的容貌。手引导着人，在任何空间、时间，在任何场所，手能把人牵引到任何地方。”（亨利·弗西雍）

选自《曾经，家是……》

创造的力量

“外国人之家”变得强大了，

与此同时，我们也变得强大了。

令它变得强大的，

似乎是人的本能的力量，

但是，如果住在一个完美的家里，

这种力量是沉睡的。

不过，“外国人之家”

随性、自然，

把大家的感觉都唤醒了。

“外国人之家”现在还在那里。

但肯定已经变成了一个陌生的样子。

那是一个野原般的、树林般的家。

没有固定的样子，每天都会变化。

只有那舒适的触感与温柔包裹的感觉，是从来都不变的。

现在肯定也是如此。

解说

与奥山明日香对谈

田中元子

什么是“活”的?

关于奥山明日香

这本书描述了作者奥山明日香曾经居住的“外国人之家”，其中穿插了多木浩二（1928—2011）的著作《活的家》中的文字。多木的《活的家》是在知识氛围浓郁的书斋中写就的，而奥山的这本书，则是她在“外国人之家”切身体验的真实记录。《活的家》和《活的家，家的表情》分别写于1976年和2013年。二者虽相距近40年，其中的真情实感却遥相呼应、跃然纸上。鲜活的文字与照片，跨越时代的对话，为本书增添了可读性。

多木浩二是作为摄影师起家的，后来他成为著名的思想家，从美术到战争，各领域都留下了他书写的篇章。本书的作者奥山明日香又是谁呢？她出生于东京，有两个姐姐，是家中的小女儿。奥山从孩童时代就对家中的布局非常感兴趣。她家是非常普通的住宅楼。她想，有没有样子更特别一点的住宅呢？于是，她开始搜集、研究报纸里夹的楼房广告，乐此不疲，后来干脆自己拿起笔，有模有样地绘起图来。后来走上建筑学习之路，这对于奥山来说似乎是自然而然的。

但是，当她上了大学，真正开始学习建筑设计后，觉得与自己原先设想得不太一样，心里总是有一种落差感。她想进一步了解建筑、实际接触和感知建筑，于是，她选择成为一名木工。身上仍然带着少女的雅致、娇小的奥山，每天与男性工匠一起进出工程现场，撸起袖子干活，其中的辛苦可想而知。但是奥山本人却毫不在意，“还是工程更有意思。”她对建筑的一往情深着实令人感佩。

奥山读大学时，在“外国人之家”住了一年半。她经常随身带着相机，持续记录着生活的点滴。她拍摄了大量照片，本书收录了其中的一部分，以供读者“管中窥豹”。但是，我们在读后，内心或许会涌起强烈的情绪：仿佛亲眼看见了许许多多的表情，仿佛亲身经历了“外国人之家”的斑驳岁月。

本书与一般讲述家的书不一样，对于家中的具体事项并没有进行举例说明。比如家的布局、和谁一起生活等，并没有一五一十地呈现在书中。对照片也几乎没有明确解说。然而，读者们却可以身临其境感受到“外国人之家”里的日出日落、四季轮回及其呈现的光影变幻，感受到居于其中的人们随着时光的推移而呈现的点滴改变，以及奥山自己与这所房子之间的距离关系。

什么东西，怎样“活”？

多木浩二写的《活的家》，这个书名的表述多少有点怪异。家是活的，这个是什么意思呢？还有不活的家吗？

简单地讲，房子并不仅是一个矗立的建筑物，而是可以与人和时间共生的。不仅是房子，桌子、椅子、餐具、衣服、鞋子、包、书籍、文具……我们周围所有的东西都只是在完工的那一瞬间才是新品。“外国人之家”也只是在建成的那一瞬间才是锃光瓦亮的新品。物品生命的延续则在这之后。新品的光鲜亮丽只有一瞬，如果之后弃置不用，或者使用不当，任其衰老腐朽，这样的物品显然不是“活”的。

“外国人之家”也一样，如果没有好好居住和使用的人，那它可能就不是现在这个名字了，可能会被嫌弃地唤作鬼屋、破房子；也可能早就被拆除了，没法存在这么久。“外国人之家”虽然早已不新，有了年头，但居住于此的人都乐于接受它，愿意在此好好地生活，才让它成为一个“活的家”。

允许不完美

奥山一直抱有疑问：对人的生活而言，房子是否过于强势？是否可以有以人的自然状态为中心的、贴近生活的房子呢？

即使是很强势的家，如果运气好，遇上会生活的人，也能获得长久的生命，也能成为“活的家”。如果不是等待运气，而是主动去创造这样的家呢？从幼年时代起，奥山就对既有的家的形态怀有疑问。或许正是因为她觉得，一个家要获取长久的生命，过于依赖人和时间了。

那么，长期与人接触，经历了岁月的沉淀，从而获得了生命力的东西与不是这样的东西究竟有什么不同？有一点可以明确，和所有生物一样、和我们人类一样，不完美的、会根据时间和他人变化的、有缝隙的状态，或许就是获取生命的关键。适度的余地和留白——而非密不透风的规整，暗示着下一个瞬间活着的可能性。我们不是都爱把这种有余地的有空隙的状态冠以“宽松”或“可爱”等美好词汇，对其青睐有加吗？

在选购物品时，相较于这个东西是不是“活”的，我们更多还是在追求一种新品瞬间的完美无瑕的状态。其实我们自己也不可能一成不变。我们明知不可能始终维持与新品相遇那一刻的状态，却仍然幻想物品能够永久停留在崭新的那一瞬间。当这种幻想破灭后，我们不认可已经发生的变化，用“又破又旧”这样的言语来抱怨。当牵涉到家时，经常也是一样的。但是对于家而言，这种令人窒息的追求不仅会扼杀家的生命力，最终也会让我们自己陷入困境。因为家是唯一接纳我们是时刻变化的存在这一事实的场所，家就是作为这样的场所而被塑造的。

奥山明日香（ASUKA OKUYAMA）

1984 年出生于东京都。2009 年毕业于东京艺术大学美术系建筑科。2012 年同校研究生院美术研究科建筑学专业课程结业。同年，进入吉川之鲶株式会社工程见习。

田中元子（MOTOKO TANAKA）

撰稿人、创意活动促进者。1975 年生于茨城县。自学建筑设计。1999 年，作为主创之一，策划同润会青山公寓再生项目“Do+project”。该建筑位于东京表参道。2004 年与人合作创立“mosaki”，从事建筑相关书刊的制作，以及相关活动的策划。工作之余开设“建筑之形的身体表达”工作坊，提倡边运动身体边学习建筑，并将相关活动整理出版为《建筑体操》一书（合著，由 X-Knowledge 出版社 2011 年出版）。2013 年，获得日本建筑学会教育奖（教育贡献）。在杂志《Mrs.》上发表连载文章《妻女眼中的建筑师实验住宅》(2009 年至今，文化出版局出版）等。http://mosaki.com/

后　记

和真壁先生聊天时，他说："想出一本关于家的本质、家的真实样貌的绘本，你要不要试试？"我一方面觉得挺高兴，另一方面也有些不安，不知道能不能做出来。最后，我决定以《活的家》这本书为基础来做绘本，但还是既高兴又不安。

《活的家》讲述的不是建筑样式，而是建筑中流淌的时间、人的行为、不断变化的肌理、个个独特的兴趣，等等。《活的家》将这些一眼难以看清的、复杂地裹缠着建筑的事物变成了文字。

学生时代，我总是隐隐感觉一定有比建筑样式更重要的东西，但还是刻苦地做着模型画着图。这些东西里只有建筑物的样式，关于人或人的行为的描绘很淡薄，也欠缺实感。当我怀揣这些疑问的时候，遇见多木浩二《活的家》一书。这本书将我胸中难言的情绪都化成了具体的文字，从无比的深度和广度探究了人与家的不可思议之处，令我惊异、感动。

"可是，到底应该怎样做绘本呢？"我苦思冥想。我觉得，图画是无法原原本本地传达家的模样的。于是，我决定用摄影来表现眼前的生活。其间，我多次想中途放弃，即便现在，我对自己的作品仍然没有十足的信心。但是，通过摄影，我认真观察了周围的景象，将《活的家》这部作品作为参照，于是，我逐渐看清了家在生活中到底应是怎样的存在。

在审视自己拍摄的照片的过程中，我发现，建筑物就好似西洋音乐中的五线谱。没有五线谱就无法演奏音乐，五线谱如同音乐的骨骼，但我们在欣赏某一段旋律时，并不会意识到五线谱的存在。人的行为，人所持的物品，光和风，都会随着时间的流逝而不断变化，正如同音乐中的旋律。这些东西，而非建筑物，才是我们所感受到的生活。家的模样，就是以静默地存在于旋律背后的五线谱般的建筑物为载体的一曲多重奏。这便是在写作本书的过程中，家在我脑海中形成的画面。

如果我以前住的不是“外国人之家”这样的地方，那么这次写作可能就不会成功。“外国人之家”是非常有人情味的地方，共享住宅的风格与房东对住客的宽容，让这里变得鲜活有趣。

现如今，到处都挤满了物品和住宅，鲜有在一片空白之地建造新的房屋的机会。因此，在一块空地或一张白纸上设计建筑的大学课题与现实情况是完全脱节的。前面说，建筑如同五线谱一般安静地存在于音乐之后，但它毕竟和五线谱一样可以在白纸上随意创造有所区别。现实更加复杂强势，不是用白色的体块就足以应对的。如果我们能够具体地风趣地去审视现实的样态，或许就能明白接下来应该做的事。这种看问题的视角也是多木告诉我的。

家是不可思议的，仍不明了的。无法说明的不可思议的地方越多，家就越有趣。能容纳这种不可思议的家的建筑是怎样的形态，也是仍不明了的。如果读者从这本书中能对建筑和家的不可思议窥见一二，那便足以让我欣慰。

本书献给思想家多木浩二。

感谢长期鼓励我的真壁先生，感谢“外国人之家”和居住在里面的各位，感谢绘本制作支持的冈本、大西、田中，以及翻译三科。

奥山明日香

2013 年 9 月

北京市版权局著作权合同登记号　图字：01-2018-3349

「生きられた家」をつむぐ / Weaving a Ikirareta-ie
著者:奥山明日香
プロジェクト・ディレクター:真壁智治
解説・建築家紹介:田中元子 [mosaki]

图书在版编目（CIP）数据

活的家，家的表情 /（日）奥山明日香著；一文译. — 北京：清华大学出版社, 2019
（吃饭睡觉居住的地方：家的故事）
ISBN 978-7-302-53645-1

Ⅰ. ①活… Ⅱ. ①奥… ②一… Ⅲ. ①住宅－建筑设计－青少年读物 Ⅳ. ①TU241-49

中国版本图书馆CIP数据核字（2019）第186666号

责任编辑：冯　乐
装帧设计：谢晓翠
责任校对：王荣静
责任印制：杨　艳

出版发行：清华大学出版社
网　址：http://www.tup.com.cn,　http://www.wqbook.com
地　址：北京清华大学学研大厦A座　**邮　编：**100084
社总机：010-62770175　**邮　购：**010-62786544
投稿与读者服务：010-62776969, c-service@tup.tsinghua.edu.cn
质量反馈：010-62772015, zhiliang@tup.tsinghua.edu.cn
印装者：小森印刷（北京）有限公司
经　销：全国新华书店
开　本：210mm × 210mm　**印　张：**2　**字　数：**40千字
版　次：2019年10月第1版　**印　次：**2019年10月第1次印刷
定　价：59.00 元

产品编号：070016-01